**Wloussagnon Raphael Sow**
**Mambé Auguste-Denise, Boye**
**Rosin Don-Rodrigue Voko Bi**

**Agroecologia dos fungos micorrízicos endógenos**

Wloussagnon Raphael Sow
Mambé Auguste-Denise, Boye
Rosin Don-Rodrigue Voko Bi

# Agroecologia dos fungos micorrízicos endógenos

## sistemas de cultivo de Hevea brasiliensis (seringueira) (Wild. ex A. Juss, 1865) em Zagné (Oeste da Costa do Marfim)

ScienciaScripts

Cover image: www.ingimage.com

This book is a translation from the original published under ISBN 978-620-6-72863-4.

Publisher:
Sciencia Scripts
is a trademark of
Dodo Books Indian Ocean Ltd. and OmniScriptum S.R.L publishing group

120 High Road, East Finchley, London, N2 9ED, United Kingdom
Str. Armeneasca 28/1, office 1, Chisinau MD-2012, Republic of Moldova, Europe
Printed at: see last page
**ISBN: 978-620-8-31324-1**

## Sessões de assinatura

Dedico este livro de memórias :

Aos meus irmãos e irmãs,

SOW Alfred, SOW Paterne e SOW Gnonhannouin Blanche, obrigado pelo vosso apoio diário

Aos meus entes queridos,

-SOW Kouet Maurice, meu querido pai. Eras um homem de valores e virtudes.

-Tahouo Nowigninon Marie, minha mãe, foi graças a ti que eu nasci, a tua memória permanecerá indelével na minha vida. Deixaste-nos sem nos ver até ao fim.

-SOW Fabien, o meu falecido irmão mais velho, copiei a tua coragem.

# Prefácio

O curso de Mestrado em Biocombustíveis e Agronomia da UFRJ, com a opção de melhoria dos recursos agrícolas, inclui um estágio prático que complementa as disciplinas teóricas. Este estágio permite aos estudantes familiarizarem-se com a investigação científica. Culmina numa dissertação, que é defendida em público. É neste quadro que iniciámos este trabalho, cujo tema é "Agroecologia dos fungos micorrízicos endógenos em sistemas de cultivo de *Hevea brasiliensis* (Hevea) (Wild. ex A. Juss, 1865) em Zagné (oeste da Costa do Marfim)".

# Agradecimentos

Este trabalho foi realizado na Universidade Jean Lorougnon Guédé (UJLoG). É com grande prazer que reservamos estas linhas como sinal de gratidão e reconhecimento a todos aqueles que contribuíram de alguma forma para o seu desenvolvimento.

Os meus mais sinceros agradecimentos à Sra. TIDOU Abiba Sanogo casada com KONE, Professora Catedrática de Ecotoxicologia, Presidente da Universidade Jean Lorougnon Guédé, pela sua dedicação e envolvimento na formação dos alunos.

Gostaria de expressar os meus sinceros agradecimentos ao Sr. KONE Tidiani, Professor Catedrático de Hidrobiologia, Vice-Reitor da Université Jean Lorougnon Guédé, responsável pela Pedagogia, Investigação e Inovação Tecnológica, e ao Sr. AKAFFOU Doffou Selastique, Professor Catedrático de Genética Vegetal, Vice-Reitor responsável pelo Planeamento, Programação e Relações Externas, pelo seu empenho no sucesso dos estudantes.

Gostaria de agradecer sinceramente à Sra. TONESSIA Dolou Charlotte, Professora de Fitopatologia, Diretora da Unidade de Formação e Investigação Agroflorestal (UFR) da UJLoG, pelos seus ensinamentos, disponibilidade e conselhos.

Ao Sr. SOUMAHIN Eric Francis, Professor Auxiliar de Fisiologia Vegetal da UJLoG e responsável pelo curso de Biorrecursos-Agronomia, pela sua disponibilidade, rigor e grande dedicação ao sucesso dos alunos deste curso.

Ao Sr. BOYE Mambe Auguste-Denise, Professor Catedrático de Fisiologia Vegetal, por ter aceitado ser o Diretor Científico desta dissertação. Os seus conselhos, recomendações e grande preocupação foram-me muito úteis.

Ao Sr. VOKO Bi Rosin Don Rodrigue, Maitre-Assistente em Microbiologia do Solo, pela supervisão técnica deste trabalho. Os seus conselhos e recomendações foram muito úteis. Gostaria de lhe exprimir mais uma vez a minha gratidão.

Ao Sr. BAYALA Jacques, Diretor de Obra da Compagnie Hévéicole du Cavally (CHC), por me ter aceite na empresa que dirige.

A parte de manipulação deste trabalho foi efectuada no Laboratoire de Biotechnologies Végétales et Microbiennes (LBVM) do Institut Nationale Polytechnique Felix Houphouet-Boigny. Por este facto, gostaria de agradecer ao Sr. ZEZE Adolphe, Professor de Ecologia Microbiana e Diretor do referido laboratório.

Gostaria também de agradecer a todos os docentes da UJLoG, em particular os da UFRJ, bem como ao pessoal administrativo e técnico.

Um agradecimento muito caloroso a todos os estudantes de doutoramento do INPHB, em particular a SEKA Saustène e AKAFFOU Marie-Ange pela sua ajuda durante as análises microbiológicas.

# Índice

# INTRODUÇÃO

A Hevea brasiliensis é uma planta nativa do Brasil. A sua cultura começou no Sudeste Asiático e estende-se atualmente a todas as regiões tropicais húmidas (Compagnon, 1986). Foi introduzida na Costa do Marfim em 1956 pela Société Africaine de Plantation d'Hévéa (SAPH) no âmbito da diversificação das culturas de exportação (Dusotoit-Coucaud, 2012). A Hevea é uma árvore com subprodutos de elevado valor acrescentado. É a única fonte de borracha natural explorada comercialmente, indispensável na indústria dos pneus e na vida quotidiana. O cultivo da seringueira começou em 1951 e está a aumentar de forma constante. Segundo o SIPH (2013), mais de 70% da borracha natural é utilizada no fabrico de pneus para a indústria automóvel. Esta elevada proporção de borracha seca nos pneus e as suas diversas utilizações aumentaram a procura mundial nos últimos quinze anos (Dusotoit-Coucaud, 2012).

A Costa do Marfim é classificada como o principal país produtor de borracha em África desde 1997 e o sexto no mundo desde 2018 (Kouassi, 2018). Em 2019, produziu 664 695 toneladas de borracha natural (FAOSTAT, 2020). A cultura da borracha é de grande importância económica na Costa do Marfim. Ocupa o quarto lugar entre as culturas de exportação, depois do cacau, do café e do algodão, e gera um rendimento anual de 203 mil milhões de francos CFA (Attobra, 2010). A cultura da Hevea na Costa do Marfim exige áreas cada vez maiores. A superfície cultivada com seringueiras passou de 116 000 ha em 2002 (MINA, 2002) para mais de 318 000 ha em 2014 (CNRA, 2015) e 534 000 ha em 2018 (Kouassi, 2018). Este aumento de terras aráveis é acompanhado pela utilização maciça de insumos químicos (fertilizantes, pesticidas e herbicidas) com o objetivo de melhorar a fertilidade do solo e assim aumentar a produção. No entanto, estas práticas de cultivo podem ter consequências nefastas para o ambiente e comprometer a sustentabilidade da cultura da borracha na Costa do Marfim. A cultura é, pois, limitada por uma série de factores, nomeadamente os riscos edafoclimáticos, as doenças, a degradação física e a diminuição da fertilidade dos solos (Piéri, 1998).

Soluções alternativas para melhorar de forma sustentável a produção de Hevea poderiam envolver a utilização do efeito benéfico dos fungos micorrízicos arbusculares (FMA). Estes fungos do solo formam associações simbióticas com as raízes da maioria das plantas terrestres, formando órgãos mistos chamados micorrizas. Estas micorrizas melhoram a absorção de água e de minerais, e a resistência das plantas a stresses bióticos e abióticos

(Smith & Read, 1997). Atualmente, foram desenvolvidos vários inóculos de CMA em todo o mundo para assegurar o cultivo sustentável de um grande número de culturas agrícolas. A integração desta tecnologia na agricultura em geral, e na cultura da borracha na Costa do Marfim em particular, requer a conceção de inóculos baseados em estirpes endógenas adaptadas às condições ecológicas locais. Para implementar esta inovação, é necessário, em primeiro lugar, compreender o ciclo biológico dos AMCs e a sua capacidade de colonizar e, em seguida, proporcionar benefícios às plantas. A capacidade dos AMCs de colonizar as plantas depende das propriedades físico-químicas do solo e das técnicas de cultivo utilizadas, como o uso de insumos químicos e a aragem, que têm uma influência negativa no desenvolvimento dos AMCs (Duponnois *et al.*, 2011; Voko *et al*, 2013).

Por conseguinte, antes de considerar a introdução da tecnologia de micorrização na cultura da borracha na Costa do Marfim, é necessário conhecer o comportamento das CMAs endógenas no contexto da cultura da borracha na Costa do Marfim. O objetivo geral do presente estudo é determinar o potencial das CMAs endógenas em solos cultivados com seringueira.

Os objectivos específicos são os seguintes:

determinar as caraterísticas físico-químicas dos solos cultivados com borracha;

-determinar a abundância e a atividade das CMAs endógenas;

-destacar as relações entre a saúde das plantas e a atividade da CMA.

A primeira parte desta tese é dedicada a informações gerais sobre os fungos micorrízicos arbusculares e a cultura da seringueira. A segunda parte apresenta o equipamento e os métodos utilizados para efetuar o trabalho no laboratório e na parcela experimental. A terceira parte apresenta os resultados obtidos, seguidos de uma discussão. Finalmente, uma conclusão e perspectivas constituirão a última parte do nosso manuscrito.

# Parte 1: GERAL

## 1. Ecologia dos fungos micorrízicos

### 1.1. Diferentes tipos de micorrizas

A palavra micorrizar é de origem grega. Refere-se à colaboração entre um fungo (myco) e as raízes (rhizes) de uma planta. Esta colaboração é de facto uma simbiose, pois resulta de um acordo mútuo entre os dois organismos. Baseia-se no facto de ambos os parceiros retirarem benefícios desta relação. O fungo retira açúcares da planta, enquanto a planta recebe minerais e água do fungo. Sem esta associação, o fungo micorrízico não pode completar o seu ciclo de vida Lambers *et al* (2009). A classificação das micorrizas baseia-se no tipo de fungo que lhe está associado, consoante seja asseptado, ou seja, um zigomiceto da ordem Glomales, ou septado, como os ascomicetes ou os basidiomicetes (Smith & Read, 2008).

As ectomicorrizas representam cerca de 5% das espécies terrestres e cerca de 5.000 espécies de fungos. São locais de troca de nutrientes, principalmente de azoto e fósforo. Esta simbiose permite reduzir a poluição e a utilização de fertilizantes e de produtos fitofarmacêuticos. Ocorrem principalmente em árvores e arbustos (Egerton-Warburton & Allen, 2001) e envolvem uma grande variedade de fungos Basidiomicetes, Ascomicetes e Zigomicetes. Durante a interação, o parceiro fúngico forma uma manga de hifas à volta de certas raízes e insinua-se entre as células da epiderme e do córtex exterior sem nunca penetrar nas células da planta (Smith & Read, 2008).

As ectoendomicorrizas são semelhantes às ectomicorrizas na presença de um grande micélio superficial externo, mas também apresentam certas formações intracelulares. O fungo forma um verdadeiro manto fúngico, mas a sua rede de Hartig é pouco desenvolvida. A partir desta rede, as hifas penetram no interior das células corticais vivas, onde o fungo desenvolve platiões com organelos citoplasmáticos Dos Santos *et al.* (2001).

Existem dois tipos de endomicorrizas: as endomicorrizas platiformes, que são inférteis, e as endomicorrizas arbusculares, que representam 95% da população de Redecker *et al* (2000). As

As endomicorrizas arbusculares ou fungos micorrízicos arbusculares (FMA) têm vários benefícios para a planta e são dominantes nas plântulas jovens (Egerton-Warbuton & Allen, 2001). A utilização de fungos micorrízicos arbusculares proporciona um elevado fornecimento de nutrientes graças à grande superfície coberta pelas hifas, que são muito pequenas, longas e abundantes, ao contrário dos pêlos absorventes. Nas endomicorrizas, os filamentos miceliais subterrâneos do fungo (hifas) não formam uma bainha à volta da raiz, mas atravessam as paredes das células da raiz, daí o nome "endomicorriza", que reflecte a presença do fungo no interior das células da planta hospedeira. A simbiose micorrízica arbuscular (AM) é provavelmente a simbiose terrestre mais difundida. De facto, está associada a mais de 80% das espécies de plantas terrestres actuais, principalmente herbáceas, e em particular às principais espécies cultivadas (trigo, arroz e soja) (Smith & Read, 2008). (Selosse & Le Tacon, 1998) destacaram diferentes tipos de associações micorrízicas (ver Figura 1).

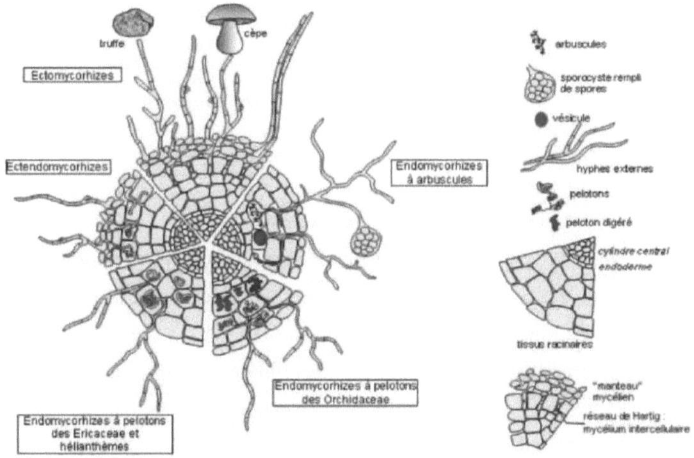


**Figura 1**: Diagrama dos diferentes tipos de associações micorrízicas (Selosse & Le Tacon, 1998)

### 1.2. Morfologia e reprodução dos fungos micorrízicos arbusculares (FMA)

Os MAC são eucariotas multinucleados. Formam-se a partir de hifas cenocíticas que não possuem septos, permitindo que os núcleos se movimentem livremente no interior do micélio SchdBler *et al* (2001). A sua morfologia pouco se alterou desde o seu aparecimento, uma vez que os arbúsculos encontrados em fósseis com mais de 400 milhões de anos se assemelham aos observados atualmente nos organismos vivos. Os esporos são produzidos pelas CMAs para assegurar a sua descendência por meio de reprodução assexuada. A reprodução sexual nas CMAs ainda não foi comprovada (Redecker & Raab, 2006).

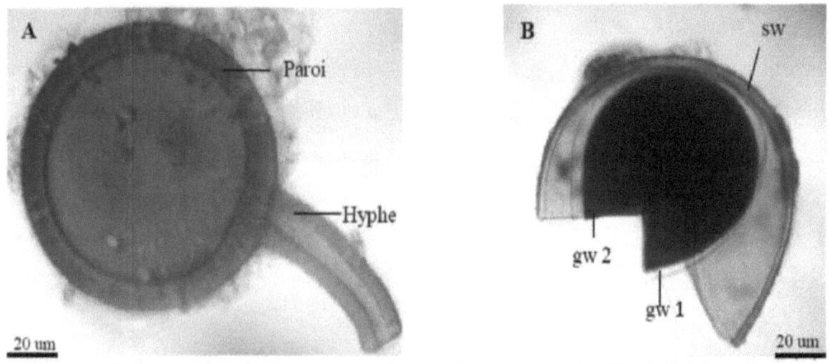


**Figura 2**: Exemplos da estrutura e forma dos esporos da CMA (Voko, 2014)

A: Esporo isolado de Glomus sp., forma glomóide

B: Esporo isolado de Acaulospora colombiana, forma acaulosporóide,

### 1.3. Classificação dos fungos micorrízicos arbusculares

A taxonomia das CMAs foi inicialmente construída através da morfotipagem dos esporos, tendo em conta tanto as semelhanças estruturais entre os esporos como os caracteres de importância filogenética (Morton & Benny, 1990). Estudos morfológicos e filogenéticos recentes permitiram agrupar todas as espécies micorrízicas arbusculares num novo filo, o Glomeromycota, dividido em 4 ordens que compreendem 10 famílias e 15 géneros e cerca de 200 espécies. Todas elas estão associadas a cerca de 225.000 espécies de plantas terrestres. A árvore filogenética que se segue mostra os taxa superiores da classe Glomeromycetes (Quadro I).

**Tabela I**: Classificação dos fungos micorrízicos arbusculares (FMA) de acordo com Redecker *et al.* (2013)

| Phylum | Classe | Ordre | Famille | Genre |
|---|---|---|---|---|
| Glomeromycota | Glomeromycètes | Diversisporales | Diversisporaceae | Tricispora Otospora Diversispora Corymbiglomus Redeckera |
| | | | Acaulosporaceae | Acaulospora |
| | | | Sacculosporaceae | Sacculospora |
| | | | Pascisporaceae | Pascispora |
| | | | Gigasporaceae | Scutellospora Gigaspora Intraornatospora Paradentiscutata Dentiscutata Cetraspora Racocetra |
| | | Glomerales | Claroïdeoglomeraceae | Claroïdeoglomu |
| | | | Glomeraceae | Glomus Funneliformis Septoglomus Rhizophagus Sclerocystis |
| | Archaeosporomycètes | Archaeosporales | Ambisporaceae | Ambispora |
| | | | Geosiphonaceae | Geosiphon |
| | | | Archeosporaceae | Archeospora |
| | Paraglomeromycètes | Paraglomerales | Paraglomeraceae | Paraglomus |

## 1.4. Ciclo de vida dos fungos micorrízicos arbusculares

O micélio dos fungos arbusculares é do tipo cenótico, ou seja, sem divisões ou separações formando células. Ao longo desta rede micelial cenótica, o fungo forma esporos destinados a propagar e a disseminar a espécie. A partir do micélio extrarradicular, os esporos desenvolvem tubos germinativos que podem estender-se vários centímetros na direção das raízes activas, dando origem a uma infeção primária das raízes. Em algumas espécies, as vesículas intrarradiculares diferenciam-se no córtex da raiz e têm propriedades semelhantes às dos esporos. Segmentos de raiz vivos ou mortos podem ser uma fonte de inóculo para raízes recémdesenvolvidas Duponnois *et al* (2011).

### 1.5. O papel dos fungos micorrízicos arbusculares

Os fungos micorrízicos arbusculares desempenham um papel importante no crescimento e proteção das plantas e na melhoria da qualidade do solo. Embora os resultados da micorrização variem em função da associação "planta-fungos micorrízicos arbusculares", quase sempre resultam num aumento acentuado do crescimento das plantas. As plantas micorrizadas assimilam mais facilmente o fósforo e por vezes o azoto, são mais resistentes ao stress hídrico, toleram melhor o calcário e são menos afectadas pelos parasitas das raízes (Davet, 1996). Os fungos micorrízicos arbusculares melhoram a nutrição das plantas aumentando o volume de solo acessível à planta e mobilizando formas de nutrientes que a planta normalmente não teria sido capaz de absorver (Smith & Read, 2008).

Foram destacados vários papéis ecológicos para os fungos micorrízicos. Estes incluem a mobilização de azoto (N) e fósforo (P) por polímeros orgânicos, e a libertação de nutrientes de partículas minerais ou superfícies rochosas por degradação (Finlay, 2008; Smith e Read, 2008). A ligação de microagregados é favorecida pela produção de grandes quantidades de polissacáridos pelo micélio extraracinar. Foi identificada como um homólogo da proteína de choque térmico in, que é uma proteína de stress (Gadkar & Rillig, 2006). As CMAs também permitem que as plantas resistam a certas bactérias, como a Xanthomonas campesris Liu *et al,* (2007). Alguns autores também relataram que os fungos micorrízicos arbusculares são capazes de limitar os danos causados por nemátodos e, assim, melhorar a produção em banana (Elsen *et al.,* 2008), videira (Li et al., 2006), inhame (Tchabi, 2008) e tomate (Vos *et al.*, 2012), etc.

Foi também demonstrada uma maior resistência das plantas às bactérias. No que diz respeito à resistência das plantas aos nemátodos, vários autores

### 1.6. Agroecologia dos fungos micorrízicos arbusculares

Os fungos micorrízicos arbusculares são simbiontes obrigatórios e, por conseguinte, não são capazes de sintetizar os seus próprios açúcares (Brigitta & Sumalan, 2011). Não podem ser cultivados num ambiente artificial e não podem completar todo o seu ciclo de desenvolvimento sem formar simbioses com uma planta autotrófica. A colonização da raiz da planta hospedeira e o desenvolvimento dos fungos micorrízicos arbusculares ocorrem em quatro fases: (i) o desenvolvimento de propágulos colonizadores (germinação de esporos), (ii) o desenvolvimento de estruturas no interior das raízes que desempenham um papel importante na caraterização morfológica, (iii) o desenvolvimento de micélios extraracinares no solo e (iv) a produção de esporos (Smith & Read, 2008).

### 1.6.1. Relações entre as propriedades do solo e as comunidades de fungos micorrízicos arbusculares

O solo é o ambiente de vida dos fungos micorrízicos arbusculares. Os parâmetros físicos, a matéria orgânica e os constituintes químicos definem o tipo de solo e o seu nível de fertilidade. Estes parâmetros influenciam direta ou indiretamente o seu desenvolvimento e a sua relação com as plantas. Para além disso, as propriedades físico-químicas dos solos são também influenciadas pela intensidade da utilização das terras (Angui *et al.*, 2010; Yao *et al.*, 2010). A diversidade e a composição das comunidades de fungos micorrízicos arbusculares são altamente dependentes do tipo e da intensidade do uso do solo (Oehl *et al.*, 2010). Um aumento da matéria orgânica pode também estimular os organismos saprófitas que parasitam os fungos micorrízicos arbusculares (Lozupone & Klein, 1994).

### 1.6.2. Impacto das práticas de cultivo nas comunidades de fungos micorrízicos arbusculares

A composição da comunidade muda consoante as zonas agro-ecológicas. A diversidade de fungos micorrízicos arbusculares varia com a sucessão, rotação de culturas e zonas agro-ecológicas Dare *et al.* (2012). As comunidades de fungos micorrízicos arbusculares são afectadas por perturbações humanas, particularmente em regiões semi-áridas Muchane *et al.* (2012). As comunidades de fungos micorrízicos arbusculares também podem variar de acordo com a latitude e o regime de chuvas (Friberg, 2001), bem como ao longo do tempo (Lovelock & Ewel, 2005).

## 2. Informações gerais sobre as árvores da borracha

### 2.1 Origem e sistemática

A seringueira é originária da Amazónia (América do Sul). Foi introduzida pela primeira vez no Ceilão em 1876, tendo depois sido plantada com sucesso no Extremo

Oriente e em África, de acordo com o Centre Technique Forestier Tropical e o Institut de Recherche sur le Caoutchouc (CTFT & IRCA). A cultura da seringueira na Costa do Marfim começou em 1951. A sistemática da Hevea é a seguinte

| | |
|---|---|
| **Règne** | **: Végétal** |
| **Sous règne** | **: Tracheobionta** |
| **Embranchement** | **: Magnoliophyta** |
| **Sous embranchement** | **: Angiospermes** |
| **Classe** | **: Dicotylédones** |
| **Sous classe** | **: Rosidae** |
| **Ordre** | **: Euphorbiales** |
| **Famille** | **: Euphorbiaceae** |
| **Genre** | **: Hevea** |
| **Espèce binomiale** | **: *Hevea brasiliensis* (Willd. ex A. Juss) Müll. Arg** |

### 2.2. Caraterísticas botânicas e descrição morfológica da seringueira

A Hevea é uma planta com um tronco que se projecta ligeiramente na base e três folíolos que se apoiam num longo caule (Figura 3). As flores da árvore são unissexuais e produzem frutos chamados cápsulas. Estas cápsulas têm três câmaras, cada uma contendo uma semente. A casca, com cerca de 1 cm de espessura e lisa, contém os vasos laticíferos (células especializadas onde se sintetiza o látex) (Panthou, 2013). O látex é composto principalmente por partículas de borracha (C5⅛), mas também por resinas, proteínas e enzimas e, por vezes, até amido. O sistema subterrâneo é constituído por uma raiz principal e raízes laterais. As plantas de Hevea são propagadas por enxertia.

No seu ambiente natural na Amazónia, a Hevea é uma árvore florestal de grande porte, excedendo geralmente 25-30 m de altura e medindo mais de 1 m de circunferência. As árvores maiores podem ter cerca de cinquenta metros (Obouayeba, 2006). O tronco é geralmente reto (cónico na base para as plântulas e cilíndrico para as plantas enxertadas). A madeira é homogénea, macia e quebradiça, com uma sensibilidade aos danos causados pelo vento que varia em função do vento ou do clone (Demol, 2002). A casca é cinzenta e representa o capital da cultura da seringueira. É a parte mais importante para o plantador porque é a parte mais explorada. É constituída por duas partes: a casca exterior dura e a casca interior mole. Quando madura, a casca exterior seca, torna-se amarela e abre-se ao longo da linha mediana de cada compartimento. As flores são pequenas, amarelo-pálido e agrupadas (Demol, 2002). As folhas formam-se por fases no topo de cada unidade de crescimento. O fruto é uma cápsula geralmente trilobada, cada uma contendo uma semente. O revestimento do fruto atinge a maturidade três meses após a fecundação.

### 2.3. Importância económica

A seringueira é cultivada pelo seu látex, que é utilizado para o fabrico de borracha natural. No final do período de exploração, a árvore pode também ser utilizada como madeira e lenha Obouayeba *et al* (2006). Flexível e resistente à abrasão, a borracha natural é um material essencial para o fabrico de pneus, mangueiras, correias transportadoras e equipamentos de bombagem. A resistência da borracha natural à água e à maioria dos produtos químicos líquidos torna-a excecionalmente adequada para equipamentos de mergulho, tubagens químicas, etc. Graças à sua elasticidade, a borracha natural é um material importante para vários sistemas de absorção de choques e de redução de vibrações. Para além da borracha, as seringueiras também podem fornecer produtos secundários. A madeira de Hevea pode ser utilizada como lenha ou madeira e o bagaço das sementes pode também ser utilizado como alimento para animais.

**Figura 3**: Plantação de Hevea brasiliensis (Hevea): Fonte: https://thinglishlifestyle.com/.

### 2.4. Requisitos ecológicos

A Hevea requer um clima quente e muito húmido. Cresce melhor em solos profundos, soltos e bem drenados. Prefere solos areno-argilosos ou areno-argilosos. Devido às suas exigências climáticas, a cultura da borracha é praticada na América Latina, no Sudeste Asiático e na África Ocidental e Central. A Hevea é uma planta heliófila e não tolera ventos fortes. Para um bom crescimento e produção, a Hevea necessita de uma temperatura média anual entre 25 e 37°C, uma duração mínima anual de sol de 1.650 horas e uma precipitação anual entre 1.500 e 2.500 mm. O solo deve ser solto, com um pH entre 4,5 e 6, de textura argilo-arenosa a argilosa, profundo e não encharcado durante pelo menos um metro. As culturas devem ser efectuadas em terrenos planos ou com um declive suave (inferior a 8%) para evitar a erosão, mas se o declive for acentuado (superior a 8%), podem ser construídos terraços em contorno Obouayeba *et al.* (2006).

## 2.5. Pragas e doenças

Os fungos causam várias doenças na Hevea brasiliensis. Entre elas, a podridão branca causada por Rigidoporus lignosus ou Fomes lignosus, que causa enormes danos às plantas de Hevea em todo o mundo, especialmente na Costa do Marfim. Se não for controlada, esta doença pode causar mais de 60% de mortalidade nas plantações de seringueiras (Wahounou, 2010). Para além desta doença, outras são causadas por uma variedade de fungos. Estes incluem o Heminthosporium hevea, que é frequentemente encontrado em plantas jovens de viveiro e causa manchas amarelas arredondadas nas folhas. O fungo Phytophthora palmivora também causa queimaduras nos pecíolos, levando à queda precoce das folhas. Quanto ao Colletotrichum gloesporioides, provoca ataques muito graves nas seringueiras, resultando na queda das folhas jovens afectadas (Ndong, 2007). O fungo Rhizoctonia solani provoca o aparecimento de manchas de tamanho e forma variáveis, cujo aspeto depende essencialmente do estado de desenvolvimento em que se encontram.

# Parte 2: MATERIAL E MÉTODOS

## 1. Caraterísticas do local de estudo e da parcela

### 1.1. Localização do local de estudo

O estudo foi efectuado nas instalações da Compagnie Hévéicole du Cavally (CHC). Esta empresa agroindustrial está situada a 160 km de Daloa e a 573 km de Abidjan, no departamento de Taï, mais precisamente na sub-prefeitura de Zagné, entre a latitude 6°13'N e a longitude 7°29'W. A temperatura média na região varia entre 18 e 36°C. O clima é quente e húmido, com uma pluviosidade que varia entre 1.000 e 1.500 mm/ano. Duas estações chuvosas (abril-julho; setembro-novembro) e duas estações secas (dezembro-março; julho-setembro) conferem-lhe uma vegetação homogénea com uma floresta densa e húmida com uma diversidade de espécies florestais. A zona é também propícia ao desenvolvimento de várias culturas, nomeadamente o café, o cacau e, mais recentemente, a borracha, o dendém e as culturas alimentares e hortícolas (Neobot, 2020).

### 1.2. Caraterísticas das parcelas

A Compagnie Hévéicole de Cavally (CHC) é uma empresa agroindustrial que compreende uma fábrica e uma plantação de borracha com uma superfície de seis mil hectares, dividida em três grandes secções de plantação: Dazahon (06°54.564'N, 006°26.263'W), Bohié (06°08.705'N, 007°38.808'W) e Doni (06°07.763'N, 007°43.068'W). Cada uma destas secções corresponde a uma área de plantação adequada para as variedades de borracha. A densidade de plantação é de 510 árvores por hectare, com um itinerário técnico de 2,8 metros nas linhas e 7 metros entre as linhas. A empresa dispõe de uma parcela de viveiro e de madeira de enxerto constituída por vários clones. As parcelas de plantação diferem em função do tipo de clone presente em cada uma delas. O estudo foi realizado em parcelas das três secções, de acordo com a idade de plantação. A figura 4 mostra um mapa da zona de amostragem.

[èmeème]De acordo com os dados da empresa, o fertilizante YARAMILA composto pela formulação NPK 23/10/05 é aplicado sistematicamente em cada seringueira a partir do 2º mês até o 6º ano de cultivo. A quantidade total de fertilizante recebida por cada árvore durante os seis (6) anos de cultivo foi de 9000 g/árvore (Tabela II).

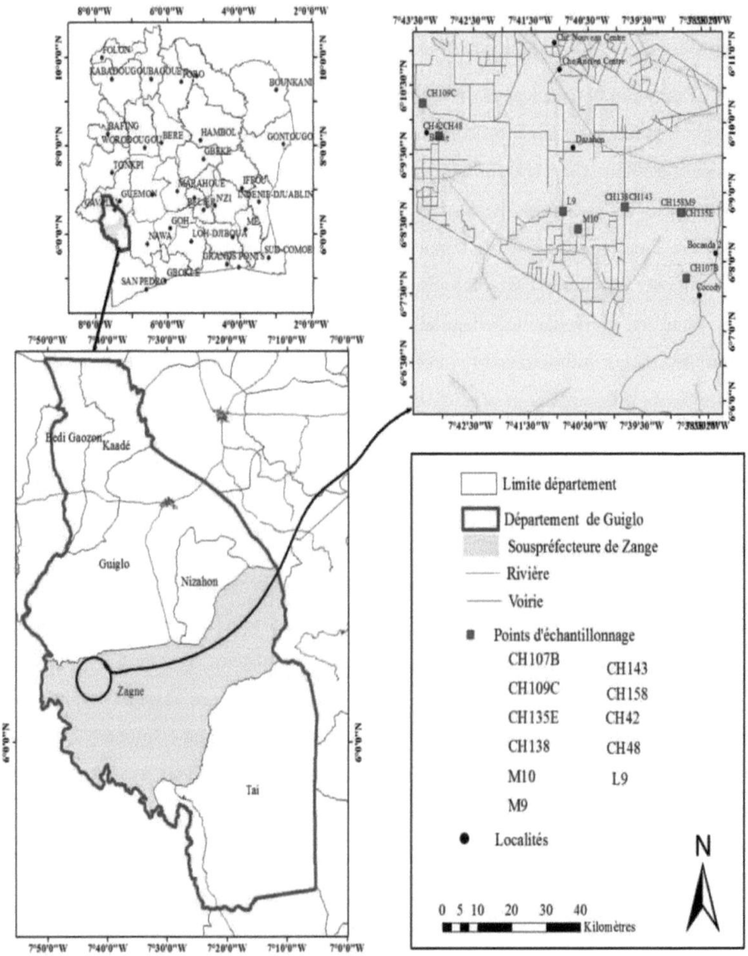


**Figura 4**: Mapa do departamento de Zagné mostrando a área de estudo e os pontos de amostragem

**Quadro II**: Modo de utilização dos fertilizantes nas parcelas da Compagnie Hévéicole du Cavally

| Idade de Parcela (anos) | Tipo de fertilizante | Formulação (NPK) | Técnica de aplicação | Quantidade de adubo (g) | |
|---|---|---|---|---|---|
| | | | | **Primeiro torre** | **Segundo torre** |
| 1 | Yaramila | 23/10/05 | Na ronda | 0 | 200 |
| 2 | yaramila | 23/10/05 | Na ronda | 250 | 250 |
| 3 | yaramila | 23/10/05 | Na ronda | 250 | 250 |
| 4 | yaramila | 23/10/05 | Na linha | 300 | 300 |
| 5 | yaramila | 23/10/05 | Na linha | 300 | 300 |
| 6 | yaramila | 23/10/05 | espaçamento entre linhas | 300 | 300 |
| | yaramila | 23/10/05 | espaçamento entre linhas | 300 | 300 |

## 2. Material de estudo

### 2.1. Material vegetal

O material vegetal consistiu em dois clones de Hevea brasiliensis, IRCA41 e PB217, de diferentes anos de cultivo: 2017; 2015; 2009 e 1998. Raízes infectadas e partes de órgãos dessas plantas foram coletadas para caraterizar os fungos micorrízicos arbusculares (FMA) e, em seguida, os microrganismos associados às infecções.

### 2.2. Material fúngico

Fungos isolados do solo sob plantas de seringueira.

**Figura 5**: Amostras de solo colhidas debaixo de uma seringueira (clone PB217)

### 2.3. Equipamento técnico

Utilizou-se um autoclave e depois um forno para esterilizar o substrato. Utilizou-se uma série de quatro peneiras com malhas de 500 µm, 125 µm, 90 µm e 45µm, e copos para extrair esporos por peneiração húmida. A estimativa das intensidades de micorrização exigiu o uso de placas quentes e produtos químicos como azul de tripano, hidróxido de potássio e ácido clorídrico. Para a análise das partes de órgãos infectadas, foi também utilizado o equipamento habitual de laboratório de microbiologia. Este material era constituído por material de vidro (placas de Petri, tubos de ensaio, tubos de hemólise, tubos Eppendorf de 2 ml, béqueres, tubos de ensaio graduados de 10 e 100 ml), uma balança eletrónica OHAUS Explorer com uma precisão de 0,01 g para pesagem, um banho-maria para solubilizar os meios de cultura, um autoclave para esterilizar os meios e o material, uma hotte e um bocal Bensen para trabalhar em condições assépticas, uma incubadora para incubar as placas de Petri e um microscópio ótico Motic para a visualização microscópica.

## 3. Métodos de estudo

### 3.1. Disposição das parcelas

O estudo foi efectuado num total de 12 parcelas unicelulares de 3 a 15 ha de duas variedades de seringueira, distribuídas espacialmente como indicado na figura 4: parcelas L12, M10, CH107B, CH109C, CH138 e CH42 da variedade IRCA41 e L9, M9, CH135E, CH158, CH143 e CH48 da variedade PB217. As parcelas foram divididas em 3 grupos etários:

- Menos de 3 anos para L12, M10, L9, M9,

- Entre 3 e 5 anos para CH107B, CH109C, CH135E e CH158

- Mais de 5 anos para CH138, CH42, CH143 e CH48

### 2.1. Determinação das propriedades físico-químicas de solos sob cultivo de seringueira

#### 2.1.1. Amostragem do solo

Em cada parcela, foram colhidas amostras de solo em quatro pontos distintos (quatro amostras incrementais por parcela), com um intervalo mínimo de 100 m, utilizando o método descrito por (Haung & Cares, 2004). O solo de cada escavação (500 g por escavação) foi recolhido num balde e misturado para formar uma amostra composta (2 kg) das quatro amostras incrementais. Esta mistura (amostra composta) foi transposta para um saco de polietileno codificado de acordo com a parcela. O material foi lavado com água e depois desinfectado com lixívia a 10% a 12° antes de ser transferido de uma amostra para outra. O solo foi retirado do pé das plantas de seringueira a uma profundidade de 16 cm, utilizando uma daba. Foi demonstrado que os MAC só colonizam raízes jovens e finas, pelo que 95% dos pêlos radiculares absorventes estão concentrados neste horizonte (Burle, 1961). Para cada amostra de solo, foram colhidos 100 g e enviados em estado bruto para o Laboratoire de Pédologie para análise do solo no Institut Nationale Polytechnique Houphouët-Boigny.

##### 2.1.1.1. Medição do tamanho das partículas

A granulometria foi analisada pelo método densimétrico com uma pipeta Robinson. Este método consiste em separar as partículas do solo em função do seu tamanho. Permite repartir as partículas finas com menos de 2 mm de diâmetro em diferentes classes de tamanho. O triângulo de textura mineral foi utilizado para determinar a textura do solo das parcelas de estudo (Figura 6).

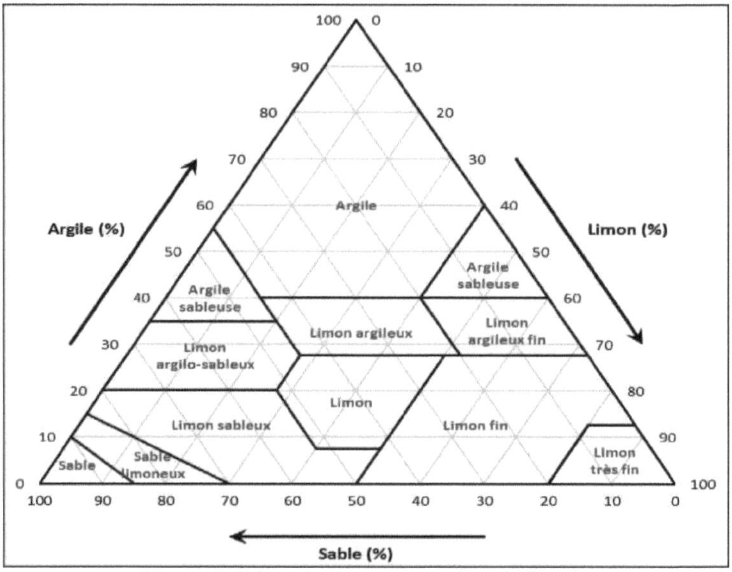


**Figura 6**: Triângulo das texturas minerais do solo

### 2.1.1.2. Determinação do pH

O pH da água foi medido electrometricamente utilizando um medidor de pH, numa suspensão de 20 g de solo em 50 ml de água destilada, após agitação da suspensão a 175 rpm durante 30 minutos. +Iões de hidrogénio ou hidrões (H ) contidos na água. É feita uma distinção entre :

*PH<5: solo muito ácido

*pH< 6,5: solo ácido

*pH= a 7 (entre 6,5 e 7,5): solo neutro, nem ácido nem alcalino

*pH> 7,5: solo alcalino (ou básico)

*PH> a 8: solo muito básico

### 2.1.1.3. Determinação da proporção de matéria orgânica

As análises da matéria orgânica tiveram em conta o carbono orgânico total e o azoto total. O carbono orgânico total foi medido por via húmida a uma temperatura de reação de 120°C (método Walkley & Black, 1934). O azoto total foi determinado pelo método de Kjeldahl (Bremner, 1960), que consiste em atacar a quente a matéria viva com ácido sulfúrico concentrado ($H_2SO_4$) na presença de catalisadores como o sulfato de potássio ($K_2SO_4$), o sulfato de cobre ($CuSO_4$) e o selénio (Se); a solução de extração é em seguida destilada com um excesso de hidróxido de sódio e titulada com $H_2SO_4$ (1 N). A norma para a interpretação da matéria orgânica é a seguinte: solo com MO muito baixa (MO entre 1 e 5%), solo com MO baixa (MO inferior a 5%), solo com MO média (entre 5 e 6%), solo com MO muito alta (superior a 7%).

#### 2.1.1.4. Determinação do fósforo total e do teor de fósforo assimilável (Pass)

O fósforo (P), essencialmente sob a forma de ortofosfatos ligados ao cálcio (apatitas), é um elemento importante relativamente escasso, com teores médios estimados em cerca de 0,1%. O P total e o P assimilável são geralmente determinados (Pansu & Gautheyrou, 2003). O P total, que inclui o fósforo orgânico e inorgânico, é determinado após a mineralização total por via húmida, atacando 5 g de solo triturado com um reagente composto por 60% de ácido perclórico, ácido nítrico (d = 1,4) e água destilada. O P assimilável correspondente ao P biológico mais disponível (formas orgânicas e inorgânicas lábeis e P microbiano) é extraído em bicarbonato de sódio a pH 8,5 (método Olsen, 1952).

#### 2.1.1.5. Determinação do teor de bases permutáveis

$^{22+++-1}$Bases trocáveis (Ca +, Mg , K , Na ) e CEC (cmol.kg ) foram medidas em 5 g de amostra de solo usando uma solução de cloreto de bário usada como reagente de extração de acordo com a ISO 11260 (2018). A capacidade de troca catiónica é determinada como o grau ou a capacidade de um substrato para armazenar nutrientes O padrão para interpretar a capacidade de troca catiónica (CEC) é : solos com CEC muito baixa (CEC inferior a 5 cmol/kg), solos com CEC baixa (CEC entre 5 e 10 cmol/kg), solos com CEC média (CEC entre 10 e 15 cmol/kg), solos com CEC alta (CEC entre 15 e 20 cmol/kg) e solos com CEC muito alta (CEC superior a 20 cmol/kg) (Calvet & Villemin, 1986).

### 3.3 Avaliação da saúde das plantas de seringueira

#### 3.3.1. Levantamento epidemiológico e amostragem de plantas doentes

O estudo consistiu em contar o número de plantas doentes em cada parcela. Em cada parcela de estudo, foi delimitada uma subparcela de 1 ha, com 510 plantas. O número de plantas doentes por subparcela foi então determinado através da observação dos seus sintomas.

Durante o inventário das plantas doentes, todas as partes acessíveis que apresentavam sintomas foram retiradas e recolhidas em tubos Eppendorf esterilizados, codificados de acordo com a parcela e o tipo de sintomas.

### 3.3.2. Diversidade microbiana dos órgãos infectados

#### 3.3.2.1. Preparação de soluções de reserva e diluições

Os órgãos da seringueira colhidos foram cortados sob uma capela de fumos, utilizando uma lâmina estéril, em 10 fragmentos de 2 cm de comprimento por amostra e depois triturados num almofariz estéril. Usando uma micropipeta de 100 µl, a suspensão-mãe foi retirada e transferida para um tubo Eppendorf contendo 900 µl de água destilada estéril para obter a primeira diluição, depois 100 µl da primeira diluição foram transferidos para um tubo contendo 900 µl de água destilada estéril para obter a segunda diluição e assim por diante até a quinta diluição.

#### 3.3.2.2. Inoculação dos microrganismos observados

As diluições obtidas foram inoculadas em meios de ágar específicos para os germes de interesse. Estes eram germes mesófilos aeróbios (AMG), Bacillus, fungos microscópicos e Enterobacteriaceae. Para os AMG, a inoculação foi efectuada em Plat Count Agar (PCA) por incorporação (camada dupla). A incubação foi efectuada a 37°C durante 24 a 48 horas. As Enterobacteriaceae foram detectadas numa camada dupla de ágar VRBG (Violet Red Bile Glucose Agar). A incubação foi efectuada a 37°C durante 24 a 48 horas. Os Bacillus foram contados em ágar Mossel incubado a 30°C durante 24 a 48 horas. Para os fungos, 100µl de solução foram semeados à superfície em meio de Sabouraud cloranfenicol e incubados a 37°C durante 72 horas.

#### 3.3.2.3. Enumeração das colónias de microrganismos observadas

O número de colónias de microrganismos foi determinado por contagem macroscópica simples nas diferentes placas de Petri. O número de unidades formadoras de colónias foi determinado utilizando a seguinte fórmula:

$$UFC=\frac{\sum C}{v(n_1+0,1n_1)d}$$

Com :

*C*: número de colónias observadas em todas as placas selecionadas para análise (placas de duas diluições sucessivas, em que pelo menos uma contenha 15 colónias; apenas as placas correspondentes a um número de UFC inferior ou igual a 300 são consideradas no cálculo) v: volume da suspensão espalhada na superfície do meio, em ml (por exemplo, 0,1 ml). $n_i$: número de placas selecionadas para a primeira diluição (a mais baixa). n2: número de placas selecionadas para a segunda diluição (a mais alta).

d: taxa de diluição correspondente à menor diluição utilizada (d = 1 para a amostra não diluída; d = 0,01 para a diluição de 1/100, etc.).

Os resultados são arredondados para dois algarismos significativos após o ponto decimal e são expressos como CFU/ml na suspensão celular original.

### 3.4. Avaliação da micorrização

#### 3.4.1. Amostragem de raízes de seringueira

As raízes jovens e finas das plantas foram cuidadosamente removidas com um cinzel, minimizando os danos na raiz principal. A lâmina do cinzel foi lavada com água e depois desinfectada com lixívia a 12° antes de ser passada de uma planta para outra. Estas amostras de raízes foram transpostas para sacos de polietileno codificados de acordo com a parcela (variedade, idade, repetição) Voko *et al.* (2013).

#### 3.4.2. Extração e contagem de esporos de fungos micorrízicos

A extração de esporos de CMA das raízes amostradas foi efectuada utilizando o método de peneiração por via húmida descrito por Gerdemann & Nicholson (1963), seguido do método de separação de esporos por gradiente de sacarose modificado de Walker *et al.* (1982). Num copo, 50 g de solo foram suspensos em 0,5 L de água corrente e agitados vigorosamente durante 1 min com uma espátula, a fim de separar os propágulos fúngicos e as partículas de solo. Depois de se estabilizar durante 30 segundos, o sobrenadante foi passado através de uma série de quatro peneiras com malhas de dimensões decrescentes

(500, 125, 90 e 45 µm) dispostas por esta ordem. Esta operação é repetida três vezes para a mesma amostra de solo. O conteúdo da peneira de 500 µm de malha é descartado porque raramente contém esporos. Cada um dos conteúdos das outras três peneiras foi recolhido com um pouco de água corrente utilizando uma pisseta e depois transferido para tubos de centrifugação. Foi efectuada uma primeira centrifugação a 2000 rpm durante 5 minutos. No final desta primeira centrifugação, o sobrenadante foi rejeitado e o pellet suspenso em 10 ml de sacarose a 50%. Após agitação, foi efectuada uma segunda centrifugação a 2000 rpm durante 1 min. Desta vez, o sobrenadante foi passado através de uma peneira de 45 µm de malha, enquanto o pellet foi descartado. Os esporos foram recuperados e suspensos em aproximadamente 10 ml de água destilada em três copos de 50 ml.

O procedimento de contagem utilizado é o recomendado pela coleção INVAM (2018). É utilizado para determinar a abundância (ou densidade) dos esporos. O conteúdo de cada copo contendo a suspensão de esporos é transferido para placas de Petri e observado sob uma lupa binocular com uma ampliação de 40x. Os esporos são primeiro contados em pelo menos 10 campos de visão. Se houver uma média de menos de quatro esporos por campo (baixa densidade de esporos), é efectuada uma contagem exaustiva de todo o conteúdo do copo. Caso contrário, a contagem de esporos é efectuada em 40 campos de visão e multiplicada por 289 (número total de campos de visão na placa de Petri). A densidade de esporos (esporos.g-1) é então determinada para cada amostra de solo. Esta densidade é definida como o número de esporos em 1g de solo seco.

$$\text{Densité (spores.g-1)} = \frac{\text{Nombre de spores}}{\text{Quantité de sol}}$$

### 3.4.3 Avaliação da frequência e intensidade da micorrização

A presença de fungos micorrízicos arbusculares nas raízes não é visível sem coloração prévia. As raízes finas de Hevea recuperadas foram lavadas com água e coradas com uma solução de azul de tripan utilizando o método de Phillips & Hayrnann (1970). Para o efeito, as raízes finas foram cortadas em fragmentos de 1 cm de comprimento. Dez fragmentos foram aquecidos numa solução de KOH a 10% a 80°C durante uma hora e depois enxaguados cuidadosamente em água corrente. O objetivo do tratamento com KOH é remover o citoplasma das células. Isto melhora a coloração das vesículas e dos arbúsculos com azul de tripano. Estes fragmentos foram novamente aquecidos a 80°C na solução de azul de tripano a 0,05%. Após a coloração, os fragmentos de raiz foram montados entre lâmina e lamínula em glicerol a 50% para estimar a colonização da raiz (Kormanik & McGraw, 1982). A frequência e a intensidade da micorrização foram avaliadas num microscópio de luz utilizando o método de Trouvelot *et al* (1986) (figura 7).

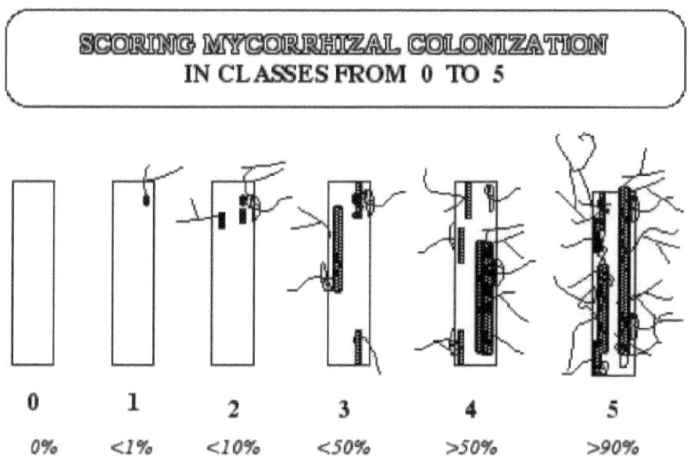


**Figura 7**: Classificação dos diferentes níveis de colonização micorrízica do córtex radicular de acordo com Trouvelot *et al.* (1986).

### 2.5. Análise estatística dos dados

Os dados recolhidos foram submetidos a uma análise de variância (ANOVA) com um critério de classificação utilizando o software SPSS11.5 com um limiar de 5%. Foi efectuada uma análise de variância de um fator para comparar as médias dos parâmetros abundância de propágulos de fungos micorrízicos, colonização micorrízica, desempenho produtivo, morbilidade, mortalidade e carga microbiana. Em caso de diferença significativa ao nível de 5%, foram determinados grupos homogéneos pelo método de Duncan. Foi efectuada uma análise de componentes principais para relacionar as propriedades físico-químicas (OM, PH, CEC, C, N e bases permutáveis), a intensidade micorrízica e o estado fitossanitário, utilizando o software R.

# Parte 3: RESULTADOS E DISCUSSÃO

## 1. Resultados

### 1.1. Propriedades físico-químicas dos solos estudados

#### 1.1.1. Tamanho das partículas

A análise granulométrica foi utilizada para determinar a textura dos solos cultivados com borracha nas parcelas do CHC. As proporções de areia estão entre 50 e 51%, de silte entre 13 e 15% e de argila entre 35 e 36%. No triângulo das texturas minerais do solo, estas proporções correspondem à textura areno-argilosa, o que revela que todas estas parcelas têm uma textura areno-argilosa (Quadro III).

**Quadro III**: Propriedades físicas dos solos cultivados com borracha na Compagnie Hévéicole du Cavally

| Parcelas | Areia (%) | Silte (%) | Argila (%) | Textura |
|---|---|---|---|---|
| **L12** | 50 | 15 | 35 | Argila arenosa |
| **M10** | 50 | 15 | 35 | Argila arenosa |
| **CH107B** | 51 | 13 | 36 | Argila arenosa |
| **CH109C** | 51 | 13 | 36 | Argila arenosa |
| **CH138** | 50 | 15 | 35 | Argila arenosa |
| **CH42** | 50 | 14 | 36 | Argila arenosa |
| **L9** | 50 | 15 | 35 | Argila arenosa |
| **M9** | 50 | 15 | 35 | Argila arenosa |
| **CH135E** | 50 | 14 | 36 | Argila arenosa |
| **CH158** | 51 | 13 | 36 | Argila arenosa |
| **CH143** | 50 | 15 | 35 | Argila arenosa |

| | | | | |
|---|---|---|---|---|
| **CH48** | 50 | 14 | 36 | Argila arenosa |

**1.1.2. Análise da qualidade química do solo**

O pH da água dos solos de todas as parcelas situa-se entre 6,1 e 6,7 (quadro IV). Os solos das parcelas L12, CH109C, CH138 da variedade IRCA41 e os solos das parcelas L9, M9, CH158 da variedade PB217 são ácidos. Por outro lado, os solos das parcelas M10, CH107B, CH42 da variedade IRCA41 e os solos das parcelas CH135E, CH143, CH48 são neutros. A análise da capacidade de troca catiónica (CEC) mostrou que todas as parcelas tinham uma CEC muito elevada, entre 30,3 e 44,9 Cmol/g. $^{+2+2+}$Para além disso, todas as parcelas apresentavam níveis elevados de bases permutáveis (K , Mg e Ca ). Da mesma forma, a fração orgânica dos solos em todas as parcelas era elevada. As proporções de azoto orgânico eram muito elevadas, variando de 0,4 a 0,5%. Estes solos são muito ricos em matéria orgânica (7,3 a 8,7%). Com exceção dos solos das parcelas CH109C, CH138, M10 e CH107B da variedade IRCA41, que apresentam relações C/N elevadas, todos os outros solos apresentam relações C/N normais. No entanto, o teor de fósforo assimilável dos solos de todas as parcelas situava-se entre 43 e 54,3 ppm. Estes solos são pobres em fósforo disponível.

**Quadro IV**: Propriedades físico-químicas dos solos cultivados com borracha CHC

| Parcelas | pH | C (%) | N (%) | C/N | MO (%) | CEC (Cmol/kg) | Mg2+ (Cmol/kg) | K+ (Cmol/kg) | Ca2+ e (Cmol/kg) | Passes (ppm) |
|---|---|---|---|---|---|---|---|---|---|---|
| L12 | 6,3[a] | 5,1[a] | 0,5[a] | 10,2[a] | 8,7[a] | 44,9[a] | 2,3[a] | 0,5[a] | 3,9[c] | 47,7[a] |
| M10 | 6,7[a] | 4,8[a] | 0,4[a] | 12[a] | 8,2a | 32,2[c] | 1,16[b] | 0,2[a] | 4,8[b] | 54,3[a] |
| CH107B | 6,7[a] | 4,8[a] | 0,4[a] | 12[a] | 8,2[a] | 34,2[bc] | 1,4[b] | 0,2[a] | 4,6[bc] | 54,3[a] |
| CH109C | 6,3[a] | 5,1[a] | 0,4[a] | 12,75[a] | 8,2[a] | 31,2[c] | 1,36[b] | 0,2[a] | 8,1[a] | 54,3[a] |
| CH138 | 6,3[a] | 4,8[a] | 0,4[a] | 12[a] | 8,1[a] | 37,5[b] | 2,3[a] | 0,4[a] | 4,6[bc] | 50[a] |
| CH42 | 6,7[a] | 4,6[a] | 0,5[a] | 11,25[a] | 8,7[a] | 31,2[c] | 1,16[b] | 0,4[a] | 4,6[bc] | 48[a] |
| L9 | 6,1[a] | 4,5[a] | 0,4[a] | 10,5[a] | 8,2[a] | 37,5[b] | 2,5[a] | 0,4[a] | 8,4[a] | 43[a] |
| M9 | 6,7[a] | 4,2[a] | 0,4[a] | 11,5[a] | 8,2[a] | 37,3[b] | 2,5[a] | 0,4[a] | 4,2[bc] | 54,3[a] |
| CH135E | 6,1[a] | 4,6[a] | 0,4[a] | 10,5[a] | 8[a] | 32,5[c] | 1,2[b] | 0,4[a] | 4,8[b] | 51,3[a] |
| CH158 | 6,3[a] | 4,2[a] | 0,4[a] | 10,5[a] | 7,3[a] | 36,5[b] | 2,3[a] | 0,4[a] | 4,8[b] | 45[a] |
| CH143 | 6,7[a] | 4,2[a] | 0,4[a] | 10,5[a] | 7,3[a] | 30,5[c] | 1,4[b] | 0,4[a] | 4,4[bc] | 45[a] |
| CH48 | 6,7[a] | 4,2[a] | 0,4[a] | 10,5[a] | 7,4[a] | 30,3[c] | 2,5[a] | 0,5[a] | 4,9[b] | 45,5[a] |

C-carbono, N-nitrogénio, OM-matéria orgânica, Mg-magnésio, K-potássio, Ca-cálcio, Fósforo assimilável